SANTA ANA PUBLIC LIBRARY
BOOKMOBILE

D0506939

EL CABALLO

David M. Schwartz, galardonado autor de libros infantiles, ha escrito libros sobre diversas materias que han deleitado a niños de todo el mundo. El amplio conocimiento de las ciencias y el sentido artístico de Dwight Kuhn se combinan para producir fotografías que captan las maravillas de la naturaleza.

David M. Schwartz is an award-winning author of children's books, on a wide variety of topics, loved by children around the world. Dwight Kuhn's scientific expertise and artful eye work together with the camera to capture the awesome wonder of the natural world.

Please visit our web site at: www.garethstevens.com
For a free color catalog describing Gareth Stevens Publishing's list of high-quality books and multimedia programs, call 1-800-542-2595 (USA) or 1-800-461-9120 (Canada). Gareth Stevens Publishing's Fax: (414) 332-3567.

Library of Congress Cataloging-in-Publication Data

Schwartz, David M.
    [Horse. Spanish]
    El caballo / David M. Schwartz; fotografías de Dwight Kuhn; [Spanish translation, Guillermo Gutiérrez and
Tatiana Acosta]. — North American ed.
      p. cm. — (Ciclos de vida)
    Includes bibliographical references and index.
    Summary: Describes the development of a horse from foal to adult.
    ISBN 0-8368-2991-3 (lib. bdg.)
    1. Horses—Life cycles—Juvenile literature. [1. Horses. 2. Spanish language materials.] I. Kuhn, Dwight, ill. II. Title.
SF302.S3818   2001
599.665'5—dc21
                                        2001042693

This North American edition first published in 2001 by
Gareth Stevens Publishing
A World Almanac Education Group Company
330 West Olive Street, Suite 100
Milwaukee, WI 53212 USA

Also published as *Horse* in 2001 by Gareth Stevens, Inc.
First published in the United States in 1999 by Creative Teaching Press, Inc., P.O. Box 2723, Huntington Beach, CA 92647-0723.
Text © 1999 by David M. Schwartz; photographs © 1999 by Dwight Kuhn. Additional end matter © 2001 by Gareth Stevens, Inc.

Gareth Stevens editor: Mary Dykstra
Gareth Stevens graphic design: Scott Krall and Tammy Gruenewald
Translators: Tatiana Acosta and Guillermo Gutiérrez
Additional end matter: Belén García-Alvarado

All rights to this edition reserved to Gareth Stevens, Inc. No part of this book may be reproduced, stored in a retrieval system, or transmitted in any form or by any means, electronic, mechanical, photocopying, recording, or otherwise, without the prior written permission of the publisher, except for the inclusion of brief quotations in an acknowledged review.

Printed in the United States of America

1 2 3 4 5 6 7 8 9 05 04 03 02 01

EL CABALLO

J SP 599.665 SCH
Schwartz, David M.
El caballo
31994011510127
OCT 3 0 2002

David M. Schwartz
fotografías de Dwight Kuhn

TRAMPOLÍN A LA

CIENCIA

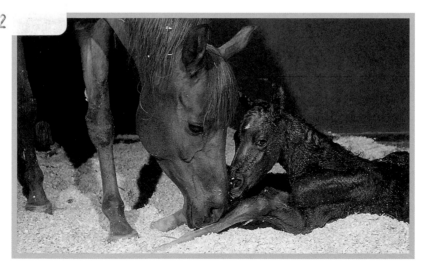

Gareth Stevens Publishing
A WORLD ALMANAC EDUCATION GROUP COMPANY

A los caballos les gusta pastar en los campos. Éste de la fotografía es una yegua, una hembra. Como puedes ver por su vientre abultado, está preñada. Hace once meses, la yegua se apareó con un garañón, un caballo macho. Ahora, dentro de ella crece un potro, una cría de caballo. El potro está casi a punto de nacer.

El potro nace durante la noche, en un establo. La yegua lo lame hasta que está limpio. El recién nacido es una hembra, una potranca.

La yegua y la potranca se acarician suavemente con el hocico para aprender a reconocerse por el olor. ¡El olfato les permitirá encontrarse en medio de una manada de muchos caballos!

7

En su primer día de vida, la potranca sale del establo y va al campo con su madre. Se tumba a dormitar al tibio sol de primavera. ¡Un potro es capaz de sostenerse sobre sus largas patas apenas una hora después de nacer, pero al principio le resulta difícil levantarse y echarse! La potranca trata de ponerse en pie, pero se cae. Lo intenta de nuevo, ¡y esta vez lo consigue!

Cuando el potro tiene hambre, la madre lo amamanta con su leche, que le proporciona los nutrientes necesarios para crecer. La leche de yegua tiene también ingredientes que protegen al potro de las enfermedades. Para un potro, la leche de su madre es alimento y medicina.

La potranca se va fortaleciendo día a día. Sus patas ya no tiemblan cuando se pone de pie o camina. ¡Ahora puede correr y saltar!

La potranca crece durante la primavera y el verano, y acompaña a su madre en sus paseos por los pastos. Ya tiene cuatro meses. Aunque sigue tomando la leche de su madre, ya ha comenzado también a mordisquear hierba.

La potranca también juega con otros potros. Los caballitos galopan por el campo, coceando y jugando a perseguirse. Estos juegos los ayudan a fortalecerse y a hacerse más veloces.

En unos tres años, la potranca se habrá convertido en una yegua adulta capaz de parir un potro y de criarlo.

¿Puedes poner en orden las siguientes etapas del ciclo de vida de un caballo?

Respuesta

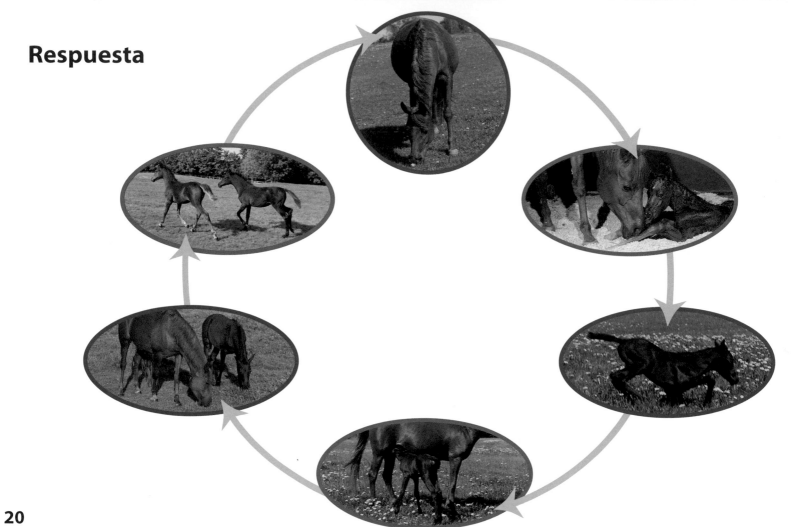

amamantar: alimentar con su leche una madre a su cría.

aparearse: unirse a otro animal para tener crías.

garañón: caballo adulto macho que se usa para la reproducción.

hocico: parte delantera de la cara del caballo, que incluye la boca y la nariz.

ingredientes: partes que forman una mezcla.

manada: grupo de animales de cuatro patas, como vacas o caballos, que van juntos.

mordisquear: dar pequeños mordiscos.

nutrientes: vitaminas, minerales, proteínas y otras sustancias que los seres vivos necesitan para crecer y mantenerse saludables.

olfato: sentido con el que percibimos los olores.

pastar: comer la hierba de un prado o pasto.

pasto: prado grande con hierba donde pastan vacas, ovejas y caballos.

potranca: potro hembra.

potro: cría de caballo.

preñada: que lleva en el vientre una cría por nacer.

temblar: moverse con inseguridad, como si se estuviera a punto de caer.

yegua: hembra adulta de caballo.

De cinco en cinco

Un quinteto es un poema de cinco versos. Sigue estos pasos para escribir uno sobre un caballo.

Verso 1: escribe la palabra "caballo".
Verso 2: escribe dos palabras que lo describan.
Verso 3: escribe tres verbos que describan lo que hace un caballo; por ejemplo, galopa.
Verso 4: escribe una oración sobre un caballo.
Verso 5: repite la palabra "caballo".
Y sin saber cómo ha sido, en un poeta te has convertido.

Caballitos útiles

Investiga los usos que la gente le ha dado a los caballos: desde tirar de un arado hasta ayudar a repartir el correo. ¿Siguen siendo útiles los caballos? Dibuja uno, antiguo o moderno, que esté haciendo algo útil.

Manos arriba

La altura de un caballo, desde el suelo a la cruz, o parte más alta del lomo, se mide en palmos. Un palmo mide 4 pulgadas (10 cm), que es casi lo que mide abierta una mano humana. Los caballos adultos miden unos 15 palmos de altura. ¿Cuánto miden en pulgadas (cm)? Ponte a cuatro patas y pídele a alguien que calcule cuánto mides desde el suelo a la parte más alta de la espalda. Compara tu tamaño con el de caballos Clydesdale, árabes o Shetland.

Primeros pasos

Un potro se para y camina casi una hora después de nacer. ¿A qué edad comenzaste a caminar? Mira fotos de cuando naciste y de cuando caminaste por primera vez. ¿En qué otros aspectos habías cambiado en ese tiempo?

AMPLIA TUS CONOCIMIENTOS

Más libros para leer

Caballos. Juliet Clutton-Brock (Altea/Santillana)
Caballos y ponis. Joana Spector, Mass Market (Usborne Publishing, Ltd.)
La niña que amaba los caballos salvajes. Paul Goble (Simon & Schuster)
Los caballos. Rose Greydanus (Sitesa)
Misty de Chincoteague. Marguerite Henry (Noguer y Caralt)

Páginas Web

http://galeon.com/cabrera2/
http://www.geocities.com/raichemi/UntitledFrameSet2.html
http://www.justacriollo.com/pages_es/Accueil_es.htm
http://www.rcp.net.pe/rcp/caballos/

Algunas páginas Web no son permanentes. Puedes buscar otras páginas Web usando un buen buscador para localizar los siguientes temas: *potro, potranca, caballo, pony.*

ÍNDICE

24